Lectura de conceptos matemáticos

Planes para una fiesta

Copyright © by Gareth Stevens, Inc. All rights reserved.

Developed for Harcourt, Inc., by Gareth Stevens, Inc. This edition published by Harcourt, Inc., by agreement with Gareth Stevens, Inc. No part of this publication may be reproduced or transmitted in any form or by any means, electronic or mechanical, including photocopy, recording, or any information storage and retrieval system, without permission in writing from the copyright holder.

Requests for permission to make copies of any part of the work should be addressed to Permissions Department, Gareth Stevens, Inc., 1 Reader's Digest Road, Pleasantville, NY 10570.

HARCOURT and the Harcourt Logo are trademarks of Harcourt, Inc., registered in the United States of America and/or other jurisdictions.

Printed in Mexico

ISBN-13: 978-0-15-369084-6
ISBN-10: 0-15-369084-4

If you have received these materials as examination copies free of charge, Harcourt School Publishers retains title to the materials and they may not be resold. Resale of examination copies is strictly prohibited and is illegal.

Possession of this publication in print format does not entitle users to convert this publication, or any portion of it, into electronic format.

5 6 7 8 9 10 0908 16 15 14

4500473388

Lectura de conceptos matemáticos

Planes para una fiesta

por Joan Freese

Fotografías de Gregg Anderson

Harcourt
SCHOOL PUBLISHERS

Capítulo 1:
El plan para una fiesta

Ya casi es el día de clases número 100.
Es motivo de fiesta para la clase del señor Kent.
La clase planea qué hacer.
Planean qué comer y tomar.

El señor Kent divide al grupo.

Hace cinco equipos.

Los equipos usan matemáticas.

Las matemáticas pueden ayudarles a planear la fiesta.

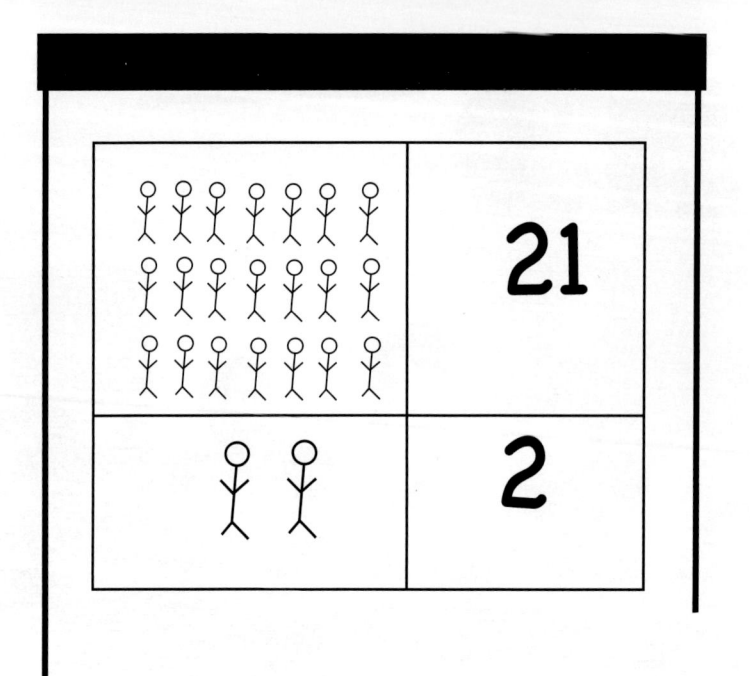

¿Quiénes van a estar en la fiesta?

Hay 21 niños.

Hay 2 adultos.

El señor Kent es el maestro.

Él y una invitada estarán en la fiesta.

Suman.

21 + 2 = 23

La suma es 23.

La suma es el número de personas.

Los niños necesitan suficiente comida para todos.

Ellos también necesitan suficientes bebidas.

Capítulo 2:
Hora de ponerse a trabajar

El Equipo Uno traerá panecillos.

Cindy traerá 12 panecillos.

Molly traerá 14 panecillos.

¿Cuántos panecillos traerán en total?

Suman.

12 + 14 = 26

Son 26 panecillos para la fiesta.

Cindy traerá panecillos de avena.

Molly traerá panecillos de moras azules.

$$\begin{array}{r} 12 \\ +\ 14 \\ \hline 26 \end{array}$$

El Equipo Dos traerá jugo.

La familia de Chase tenía 36 cajas de jugo.

Ellos se bebieron 11 cajas.

¿Cuántas cajas quedan?

Restan.

36 – 11 = 25

Quedan 25 cajas de jugo.

Eso es suficiente jugo para la fiesta.

¡Hay muchos sabores!

$$\begin{array}{r} 36 \\ -11 \\ \hline 25 \end{array}$$

Capítulo 3:
Más trabajo que hacer

El Equipo Tres traerá globos.
Jordan tiene 24 globos.
Seth tiene 17 globos.
¿Cuántos globos tienen en total?

Suman.

24 + 17 = 41

Tienen 41 globos en total.

Hay suficientes globos para la fiesta.

La mamá de Seth traerá los globos a la escuela.

$$\begin{array}{r} 1 \\ 24 \\ +\,17 \\ \hline 41 \end{array}$$

El grupo va a ensartar cuentas en la fiesta.

El Equipo Cuatro tiene 9 paquetes de cuentas largas.

Tiene 21 paquetes de cuentas redondas.

Hay más paquetes de cuentas redondas.

¿Cuántos más?

Restan.

21 − 9 = 12

Hay 12 paquetes más de cuentas redondas.

Hay suficientes cuentas para la fiesta.

$$\begin{array}{r}\overset{11}{\cancel{2}\cancel{1}}\\-9\\\hline 1\,2\end{array}$$

Capítulo 4:
¡Es hora de la fiesta!

Es el día número 100 de clases.
¡Es hora de la fiesta de la clase del señor Kent!
La invitada está aquí.
Es la directora, la señora Brown.
¡Bienvenida, señora Brown!

Cada estudiante cuenta 100 cuentas.

Ellos hacen cosas con las cuentas.

Ellos hacen pulseras y collares.

Susan le da sus cuentas a la señora Brown.

"Gracias", dice la señora Brown.

Hay cinco equipos. Cuatro equipos han hecho algo.
El señor Kent hace una pregunta.
¿Cuántos equipos no han hecho algo todavía?

¡Eso es fácil!
Cuatro equipos han hecho algo.
Un equipo no ha hecho algo todavía.
¡Ese equipo está listo ahora!

El Equipo Cinco pregunta, "¿Cuál es nuestro trabajo?"
El señor Kent dice, "Es un trabajo divertido".
Servirán jugo.
Servirán panecillos. ¡Adelante, Equipo Cinco!

Los estudiantes comen panecillos y toman jugo.

Platican.

Ellos se muestran sus cuentas.

Algunos estudiantes les dan sus cuentas a sus amigos.

Ahora es hora de limpiar.

El señor Kent dice, "Por favor tiren la basura".

La señora Brown dice, "Por favor limpien las mesas".

¡Buen trabajo!

Los estudiantes se divirtieron.

A ellos les gustaron sus refrigerios y su jugo.

Todos pasaron un rato muy bueno.

¡Ellos quieren usar matemáticas para planear otra fiesta!

Glosario

enunciado numérico 21 + 2 = 23 es un enunciado numérico. 36 − 11 = 25 también es un enunciado numérico.

restar quitar objetos de un grupo o comparar grupos

sumar unir dos grupos